2024 年
1 月

01

星期一

元旦

农历

【癸卯年】
十一月二十

我是一个即便是年三十到一点，
初一也要早起的人。

新一年，
我还是那个睁开眼睛就跳起床，
满怀期待过日子的人。

02

星期二

农历

【癸卯年】
十一月廿一

生活可以留白。

睡个好觉，
是人生大问题的最佳解决方案。

2024 年
1 月

03

星期三

平生不爱打坐，
只喜打鸟追月。

难得盘腿收心，
也是江湖累了。

农历

【癸卯年】
十一月廿二

2024 年
1 月

04

———

星期四

人生最好的礼物。

无论我们遇见谁，
都是生命中该出现的人，
绝非偶然，
他一定会教会我些什么。

农历

【癸卯年】

十一月廿三

05

星期五

心里像长了草，
我不知道自己哪里来的勇气，

像一只没有脚的鸟
在世界的各个角落飘荡。

农历

【癸卯年】

十一月廿四

2024 年
1 月

06
———
星期六

小寒

农历

【癸卯年】
十一月廿五

在大自然里长大的孩子。

把相机交到他手上，
让他拍鸟去吧？！

07

星期日

到北极。

一辈子，
总要去些别人难以到达的地方。

农历

【癸卯年】
十一月廿六

08

星期一

蓝天白云有太阳。

一个人喜爱小动物、
热爱大自然，
就很难想象他会是一个无趣的人。

农历

【癸卯年】
十一月廿七

2024 年
1 月

09

星期二

冬三九

农历

【癸卯年】
十一月廿八

信马由缰，
兴尽而返。

旅行是一次回归，
借由自然的光，
召唤你在尘世间
日渐迷失散乱的心。

10

星期三

在山路上行走。

你永远不知道下一个拐角
会遇见什么样的风景，

但是，
你可以相信，
总有另一个惊喜在等着你。

农历

【癸卯年】
十一月廿九

2024 年
1 月

11

星期四

农历

【癸卯年】
腊月初一

无论在家或是在天涯，
我总能安安静静地等待
一只鸟的出击，
然后抓住电光石火的刹那。

2024 年
1 月

12

星期五

农历

【癸卯年】
腊月初二

茶卡盐湖的水面太安静，
投出一块盐，

水面顿时就欢乐起来，
荡起阵阵美好。

2024 年
1 月

13

星期六

农历

【癸卯年】
腊月初三

日落处，
古道西风剪影大马。

斜阳下，
乱石堆砌也是天涯。

14

星期日

如是我闻，
让时间说话。

这世界，
本来就不仅仅是
黑白两种颜色的。

农历

【癸卯年】
腊月初四

15

星期一

农历

【癸卯年】
腊月初五

干干净净，
笑意盈盈。

你心里有浩然正气，
自然邪不敢侵。

16

星期二

不生妄语。

所有的问题，
都是说得明白的，
或者可以
说得明白的。

农历

【癸卯年】
腊月初六

17

星期三

农历

【癸卯年】
腊月初七

悲天悯人的眼神。

心里有光、
眼里有爱的人，
我猜病气
不喜欢他们。

2024 年
1 月

18

星期四

冬四九　腊八节

农历

【癸卯年】
腊月初八

先后天之密。

固守山根，
这密字底下
可有一个山。

19

星期五

"我想去北大听听课，
最好能有两个礼拜，

我好想知道
现在的大学都在教什么。"

——张至顺老道长

农历

【癸卯年】
腊月初九

20

星期六

大寒

农历

【癸卯年】
腊月初十

当时间足够长，

你会变得
和你喜欢的人
一样。

21

星期日

看着朝阳
吃早餐。

以梦为马，
永远随处可栖。

农历

【癸卯年】
腊月十一

22

星期一

和自己交流，
时时提醒自己，
祝福自己，

跟自己
搞好关系。

农历

【癸卯年】
腊月十二

23

星期二

在我心里，
老师给学生最重要的帮助，
是让我"信"，

相信有人
一直在坚持，

相信真的有人
能做到，

相信我也可以
做得更好。

农历

【癸卯年】
腊月十三

2024 年
1 月

24

星期三

农历

【癸卯年】
腊月十四

看看晨光，
听听鸟鸣。

心里的小人
走到世界外了。

25

星期四

我们再快
也快不过一只鸟。

好照片除了凭好运气、
好机遇，
靠的就是等待。

当我们在树下
站成一棵树的时候，
机会才会来临。

26

星期五

躲开人群，

安安静静地
守在一个没有人的角落，

这时候
感觉是给自己充电。

2024 年
1 月

27

星期六

冬五九

农历

【癸卯年】
腊月十七

我常把自己
幻想成一个
山谷里的杀手，

最狠最快的
那个杀手。

28

星期日

鸟儿就是这样的，

一旦它确认一个地方安全之后，
就会进入
旁若无人、熟视无睹的状态，

即便
你的五千分之一秒快门
响得稀里哗啦。

29

星期一

画画
就是纪录片,
大道相通,

虽然
我还没通。

农历

【癸卯年】
腊月十九

30

星期二

常识中的常识，
片子标题出现后，

停止时间至少 3 秒钟，
让人看清楚，
再走掉。

一定一定
一定记住。

Wednesday
January 31
2024

2024 年

1 月

31

星期三

在老家林场
修房、种树、砍树，

要给各路神仙
打招呼。

农历

【癸卯年】
腊月廿一

01

星期四

白话

近朱者赤
近墨者黑。

近鸟者……
自由自在。

农
历

【癸卯年】
腊月廿二

Friday
February 02
2024

2024 年
2 月

02

星期五

北小年

农历

【癸卯年】
腊月廿三

我准备
每天拍斑鱼狗带着小鱼
在洞口的画面，
一直到小鸟出巢。

到时候做个拼图，
看着小鱼变大，
不是一样等于
看着小鸟长大吗？

03

星期六

南小年

农历

【癸卯年】
腊月廿四

有时候我又想，
人生其实
也没啥意义可言。

来来回回，
谁不是过客？

2024 年
2 月

04

星期日

立春

农历

【癸卯年】
腊月廿五

我们觉得多高级、
多有境界的事，
在鸟儿看来
就是寻常生活。

05

星期一

时间是有形状的。

在我家的客厅里，
有一根柱子
擎天柱一样立着。

前不久家里刷油漆的时候，
我专门提醒工人师傅，
其中脏兮兮的、
但是写满字的那一面，
千万不要给我抹白了。

冬六九

农历

【癸卯年】
腊月廿六

06

星期二

我计算了一下，
知了一口气，
大约吸
30 秒。

农历

【癸卯年】
腊月廿七

2024 年
2 月

07

星期三

月亮在侧光的时候，
它的立体感最强。

满月时候，
婆婆脸，
反而看不清细节。

农历

【癸卯年】
腊月廿八

2024 年
2 月

08

星期四

农历

【癸卯年】
腊月廿九

我永远在期待，
有什么东西，
穿过月亮
多好啊。

Friday
February 09
2024

2024 年
2 月

09

星期五

除夕

农历

【癸卯年】
腊月三十

我拍月亮，
拍夜里的云、
拍绝壁、
拍雪山、
拍飞鸟、
拍飞机……

我努力尝试让月亮不孤单。

10

星期六

几位老人
回溯几十年前的往事，
有一种甜蜜
深深打动了我。

那是同甘共苦、
相濡以沫，
用时间酿出的
幸福的味道。

春节

农历

【甲辰年】
正月初一

11

星期日

凡事循序渐进，
从轻到重、
从慢到快、
由少而多。

无论拍打还是松肩，
下手千万要轻，
一定关注
对方的感受。

2024 年
2 月

12

星期一

操练起来，
一起做一个
健健康康、
快快乐乐的人。

农历

【甲辰年】
正月初三

13

星期二

谁是
最幸福的人?

可以到处走,
什么都不带的人。

农历

【甲辰年】
正月初四

14

星期三

情人节　冬七九

农历

【甲辰年】
正月初五

当我在河边树林里
守候小翠的时候，
小暑总是把它的身体
想尽办法靠着我，
下巴搭在我的腿上，
一往情深地望着我。

这种感觉
好奇特。

2024 年
2 月

15

星期四

农历

【甲辰年】
正月初六

认识三哥之后，
我都觉得
自己来地球迟了。

16

星期五

隐居。

早起的人，
永远要早睡。

慢慢社交圈子，
越来越小。

农历

【甲辰年】
正月初七

17

星期六

除了在家，
我还很享受
一个人的旅行，
跳上一部车，
到远方自由自在，

像鸟一样，
寻找飞鸟。

农历

【甲辰年】
正月初八

18

星期日

邻里关系二十年了，
老先生从来不主动跟我说话，
不主动打招呼。

奇怪的是，
他是那种
在路上遇见陌生狗，
都会去
叨叨几句的人。

农历

【甲辰年】
正月初九

2024 年
2 月

19

星期一

雨水

农历

【甲辰年】
正月初十

美好瞬间。

这世上最好的工作
是什么呢?

20

星期二

农历

【甲辰年】
正月十一

拍照就像
送给你的这朵花。

我希望它能够
传递整个春天的
美好。

21

星期三

一张人物照，
有了眼神光
才有灵魂。

亮晶晶的眼睛里，
传达着主人走过的路、
有过的情绪、
经历过的时光。

农历

【甲辰年】
正月十二

Thursday
February 22
2024

2024 年
2 月

22

星期四

农历

【甲辰年】
正月十三

秘诀。

不开心的时候要笑，
高兴的时候别说话。

23

星期五

蔡老说
年轻时指挥交响乐前
都要灌上一瓶白兰地。

那样他就能
把所有的烦事都忘掉，
脑中只留下音乐，
开心地
像个孩子。

冬八九

农历

【甲辰年】
正月十四

2024 年
2 月

24

星期六

元宵节

农历

【甲辰年】
正月十五

李可医生搂着我的肩膀
跟我说，
我要是年轻 10 岁，
我一定跟你一起去
走天下。

25

星期日

农历

【甲辰年】
正月十六

李少波医生说：
"我的外号叫天然，
如果我有点学问，
就是静极生动，
自然而来。"

26

星期一

农历

【甲辰年】
正月十七

郭生白医生
像拳击手一样举起拳头，说：
"要是我这一身功夫
没有传出去，
我绝不赴死……"

27

星期二

一个人存在很多问题，
首先要治最重要的一个点。
打通最重要的一个堵点，
其他会慢慢疏通。

尊重身体的感受，
搅动它，
不要往死里打。

农历

【甲辰年】
正月十八

28

星期三

在瑞士阿尔卑斯雪山上，
雅克爷爷
听完我记录中医的故事之后，
拿出自己的小相机，
说我也要拍一下这个记者，
跟别人说说
他的故事。

农历

【甲辰年】
正月十九

Thursday
February 29
2024

2024 年
2 月

29

星期四

农历

【甲辰年】
正月二十

好茶，
阴阳平衡，
中道的好茶。

喝了就知道。

01

星期五

你我白发如故。

在寻常巷陌、
街头市井生活中，

寻找到珍珠一样的
人性光芒。

农历

【甲辰年】
正月廿一

02

星期六

做一个安静的球。

屏蔽真假难辨、
是非纷乱的信息，
内心静止的海水
不要动荡成为波涛。

农历

【甲辰年】
正月廿二

03

星期日

跟我混。

在我看来，
对待一只狗和对待一个人
是一样的。

无论何时尊重它，
在它困难时候帮助它，
但凡我能做，
都做。

家的门也不上锁，
如果它想离开，
随时可以。

冬九九

农历

【甲辰年】
正月廿三

04

星期一

农历

【甲辰年】
正月廿四

人生无常。

谁知道这只小小鸟出门以后，
会在什么地方，
遇见谁，
遭遇什么事呢。

05

星期二

惊蛰

农历

【甲辰年】
正月廿五

趁着杨桃还没开花结果，
赶紧修理一下树枝，

春天来了，
它长得有点像我的发型，
太随意了。

06

———

星期三

我不断敲开
很多门，
不断地见招拆招，
在有限的时间，
把脚抵在门缝里，
不让它关上。

我想争取
更多的时间，
慢慢把门打开。

农历

【甲辰年】
正月廿六

07

星期四

找到话题。

去和人沟通，
在有限的时间，
使一个人
放松警惕，
卸下他的防御。

在最短的时间内
把手搭上他的肩膀，
成为哥们。

农历

【甲辰年】
正月廿七

08

星期五

国际妇女节

农历

【甲辰年】
正月廿八

和有的人沟通，
简直比
去爬一座倒向你的墙
还难。

09

星期六

摄影，
确实是一个不错的
磨刀石，
让我们学会讲故事，
学会记录，
用时间的维度
去看生命、
去感受
生活的分量。

农历

【甲辰年】
正月廿九

10

———

星期日

生命的
另一面。

当一个人
失去健康之后，
他对世界的欲望就只剩下一个。

那就是
健康。

农
历

【甲辰年】
二月初一

11

星期一

龙抬头

农历

【甲辰年】
二月初二

宋祚民医生
因为小时候受了伤
而无法医治，
导致他时常会担心
更多的孩子跟他一样，
受了伤却不能得到及时的医治。

我觉得他一直在等着
自己小时候的影子。

12

星期二

植树节

农历

【甲辰年】
二月初三

没有慢下来，
就无法沉静。

趴在草地上看到风景，
是高手。

13

星期三

心理学上说，
年轻的心态，
最有助于
老人回归健康的
身体状态。

农历

【甲辰年】
二月初四

2024 年
3 月

14

星期四

农历

【甲辰年】
二月初五

当你的眼睛
有光的时候，
你的思想
才会闪光，
开始和世界
交流。

15

星期五

你自己都在犹豫不决、
含糊不定，
你怎么说服得了别人啊。

只要你肯开一道门缝，
我就会把头塞进去，
奋勇把身子挤进去。

双方都在"听劲"，
感受对方的
力量和勇气。

农历

【甲辰年】
二月初六

16

星期六

一到危难的时候，
中国人都会想起
邓铁涛老先生。

非常好，
一团和气。

农历

【甲辰年】
二月初七

Sunday
March 17
2024

2024 年
3 月

17

星期日

为了自己的理想，
为了觉得值得做的事，
一生一世
一直在努力。

这种人，
真的没有遗憾。

农历

【甲辰年】
二月初八

18

星期一

人一定会死的，
一定会生病的。

那么我还能为这个世界
做些什么呢？

农历

【甲辰年】
二月初九

19

星期二

摄影
毕竟算是一门艺术，
更是一种能力。

所有跟能力有关的学习，
没有动手，
你永远想不明白的。

农历

【甲辰年】
二月初十

20

星期三

春
分

物理学家研究发现，
我们每个人眼里的色彩，
包含着个人的感受和经验。

说白了，
你我虽然看到的是
同一个太阳，
但内里是不一样的。

这里包含着主客观的结合。

农历

【甲辰年】
二月十一

21

星期四

执着的东西
之所以执着，
因为自己赋予了它
舍不掉的意义，
并非它原本就是那样。

这个方法用在
生活里，
很有助于去除负面情绪，
忘不掉的人、
讨厌的人，
其实都是一堆原子。

农历

【甲辰年】
二月十二

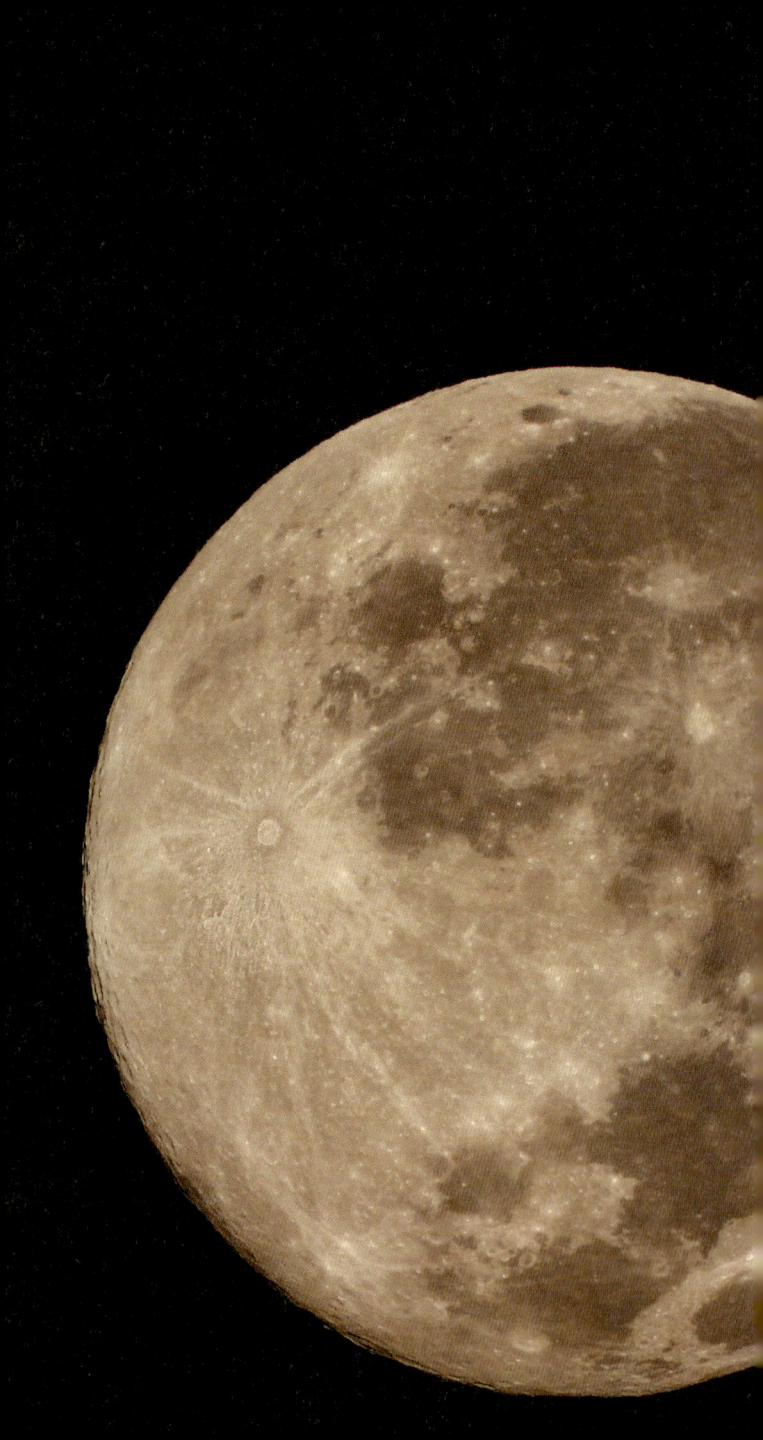

22

星期五

顺光拍出来的
人甚至鸟，
都是"白扁平"。

满月脸，
月亮脸。

2024 年
3 月

23

星期六

内心
有一个标准。

世界光线千变万化、
五彩斑斓，
拍摄一幅作品和生活一样，

从来没有
标准答案。

农历

【甲辰年】
二月十四

Sunday
March 24
2024

2024 年
3 月

24

星期日

农历

【甲辰年】
二月十五

喜欢的事
最要紧。

真的是一转眼，
就白头，
莫等闲。

2024 年
3 月

25

星期一

我小时候的梦想
就是
找一份不花钱
还能
满世界跑的
工作。

农历

【甲辰年】
二月十六

26

星期二

筷子和刀叉
都能吃饭。

与其教会他造船，
不如让他
热爱海洋。

农历

【甲辰年】
二月十七

Wednesday
March 27
2024

2024 年
3 月

27

星期三

手放松，
肩放松。

身体平直
重心稳定了，
一个人才有
由心而发的微笑。

农历

【甲辰年】
二月十八

2024 年
3 月

28

星期四

如果
我有一双好鞋，
我可以
走遍天下。"

我在日记本上
写下
这样的话。

农历

【甲辰年】
二月十九

2024 年
3 月

29

星期五

一杯酥油茶。

我曾经以为，
这样的地方这样的路，
我再也回不来了。

时隔 19 年，
我又遇见了
他们。

农
历

【甲辰年】
二月二十

30

星期六

走着走着，
你会发现，
证明自己多强大
不重要了。

外面世界真精彩，
在天涯海角的
这些人，
眼睛怎么这么
干净。

农历

【甲辰年】
二月廿一

31

星期日

"我最大最大的兴趣
和一辈子的追求。
如果我的努力，
帮助一些人减少痛苦，
造福更多人，
我死后也会开笑眼，
我的一生不白活……"

——驱火人

农历

【甲辰年】
二月廿二

2024 年
4 月

01

星期一

在世界尽头
狂奔。

哎呀,
这种撒开脚丫
跟着风满世界游走的感觉,
太适合我了。

农历

【甲辰年】
二月廿三

02

星期二

看见
永远行走的保罗，
让我想起好多
曾经走过的路、
遇见的人。

还有那个
一直在路上慢慢成长的
油麻菜。

农历

【甲辰年】
二月廿四

Wednesday
April 03
2024

2024 年
4 月

03

星期三

农历

【甲辰年】
二月廿五

吃什么
不重要，
肚子饿了
什么都好吃。

04

星期四

清明

到了芒康，
去往尼果寺的路，
可不是一般的难走。

70 公里，
我们走了近七个小时。

农历

【甲辰年】
二月廿六

05

星期五

农历

【甲辰年】
二月廿七

这越野车，
就是用来越野的。

路嘛，
只要别人能走，
我就能开。

06

星期六

我不会游泳，
就敢跟着一群人
驾着一艘小帆船
从厦门出发去西沙。

命很大地
逃回来了。

农历

【甲辰年】
二月廿八

07

星期日

一觉醒来，
有一群陌生的脸，
友善微笑地包围着你。

远处的山坡上，
有成群结队的岩羊在奔跑。

一只好奇的白马鸡
站在寺院的红色围墙上，
好像等了你
很久。

农历

【甲辰年】
二月廿九

08

星期一

星光下漫步的岩羊。

坐在温暖的南方，
回望尼果寺
和通往它的那条
天下无双的破路时，
我还是忍不住一阵
心旌摇荡。

农历

【甲辰年】
二月三十

09

星期二

农历

【甲辰年】
三月初一

拍鸟
也不容易啊，
没文化就只能
撞运气，
成功率
会大大下降。

Wednesday
April 10
2024

2024 年
4 月

10

星期三

哎你说，
要是小斑鱼狗出生的时候，
第一眼看见我，
会不会把我当做妈妈，
以后站在我身上
让我随便拍呢？

农历

【甲辰年】
三月初二

11

星期四

错过的一些画面，
我们可以用追忆、采访、旁白
或角色扮演的方式来弥补，
但是再怎么表演，
都很难有现场记录的美妙和真实。

12

星期五

我先不去打扰。

永远不要担心
没有故事，
生活
从来不缺少意外。

农历

【甲辰年】
三月初四

13

星期六

无论做什么,
都要有人物,
有故事。

蹲下身,
去听最朴素真实的声音,
那才最容易被人接受,
最打动人。

纪录片,
恰恰就是这样。

14

———

星期日

很多很多年以后，
我在杭州遇见了
蔡志忠先生，
和他相处了两天，
看他每天生活画画说话吃饭，

特别欢喜。

农历

【甲辰年】
三月初六

Monday
April 15
2024

2024 年
4 月

15

星期一

榜样的力量
是无穷的，
再加上是一个活榜样，
你的心，
跟他的心贴在一起，
走了很长的
一段路。

农历

【甲辰年】
三月初七

16

星期二

农历

【甲辰年】
三月初八

爱与被爱，
是世界上
最温暖的事。

17

星期三

只有尽可能的客观，
才能看见真实。
真实的创作，
才能超越时空，
有份量。

司马迁就是一个纪录片工作者，
即便受宫刑
也要说实话。

农历

【甲辰年】
三月初九

18

星期四

人是累不死的，
但很容易纠结死。

消耗我们最多的是
选择。

农历

【甲辰年】
三月初十

19

星期五

谷雨

坐火车观察窗外，
会发现距离远的山
总是很清晰，
眼前的铁轨
常常快得看不清。

远，
则相对位移小。
因为小翠距离太近了，
所以速度
不能太慢。

农历

【甲辰年】
三月十一

2024 年

4 月

20

星期六

终于可以准备按快门了!
你说,
一个摄影师
在按一次快门前,
得做多少次选择啊!

农历

【甲辰年】
三月十二

21
___

星期日

拍到白腿小隼
抓了一只斑纹鸟
给雏鸟吃的照片，
结果我老妈看见了。

她问我
一定会保护小鸟的吧？

作为一个摄影师，
应该怎么面对眼前正在发生的事，
这是一个
永恒的问题。

农历

【甲辰年】
三月十三

22

星期一

光线很美，
翅膀因为挥舞有点虚，
但是眼睛和虾
都很清晰。

遗憾的是，
缺少背景、环境交待，
有点孤单。

农历

【甲辰年】
三月十四

23

星期二

鸟儿
是幸福的,
他们不需要选择。

只是因生存需要,
选择吃五花肉还是精肉,
或者是素食。

农
历

【甲辰年】
三月十五

Wednesday
April 24
2024

2024 年
4 月

24

星期三

我发现，
每一只鸟，
每一个姿态，
都在呈现一种神奇的平衡感。

你仔细看，
天哪，
它们永远在
“构图”！

农历

【甲辰年】
三月十六

25

星期四

我们的孩子，
是家庭生活中，
最接近本真自然的。

所以，
他们是我们的
老师。

农历

【甲辰年】
三月十七

2024 年
4 月

26

星期五

我每天都在
提醒自己：
要慢不能着急，
控制自己想要一步到位、
急于求成的
心魔。

农历

【甲辰年】
三月十八

27

星期六

把我去掉。

不去评判，
也不去赞美，
如是我闻！

你看人可以
这样活着。

28

星期日

农历

【甲辰年】
三月二十

他战战兢兢、
如履薄冰的样子，
看得我好不着急，
又很感动。

29

星期一

人一定会生病的，
人一定会死的。

能够接纳这点的人，
至少可以活得
更从容吧？

30

星期二

在我们生活里
每天都有很多故事在发生。

等待的鸟人，
有心人，
看得见。

农历

【甲辰年】
三月廿二

01

星期三

劳动节

农历

【甲辰年】
三月廿三

水手体重最低要求
85 公斤。

他们从小在海上漂大的，
他们之间的交流，
甚至不用语言，
哼哼一下
就明白了。

02

星期四

贫苦孤独的梵高，
一样眼里有光。

他在写给提奥的信里说到，
每个人的心里都有一团火，
路过的人只看到烟，
但是总有一个人，
总有那么一个人
能看到这火，

然后走过来，
陪我一起。

农历

【甲辰年】
三月廿四

03

星期五

关于自然界生生不息，
就是弱肉强食适者生存。
大鱼吃小鱼，
大鸟吃小鸟，
猫咪抓鸟吃
……

而最会破坏这个游戏的，
是人。
人的贪念、
人的所谓的
"善意"。

农历

【甲辰年】
三月廿五

Saturday
May 04
2024

2024 年
5 月

04

星期六

青年节

农历

【甲辰年】
三月廿六

值班船长，
航海历程超过
30 万海里，

就是一个水鬼，
什么海上鬼事
他都遇见过。

05

星期日

立夏

在混乱的环境、
纷乱的世间
忙碌生活中，
我们试着学会安静观察，
等待时机，
抓住美好，
寻找眼神光，

就像呵护我们的
生命之火
一样重要。

农历

【甲辰年】
三月廿七

2024 年
5 月

06

星期一

世间事、
世间物、
世间人
……

不外乎 " 看见 "
与 " 被看见 "

农历

【甲辰年】
三月廿八

07

星期二

农历

【甲辰年】
三月廿九

妈妈，
就是那种化成烟，
也会围绕着你的
那个人。

08

星期三

四十年来画竹枝，
日间挥写夜间思。
冗繁削尽留清瘦，
画到生时是熟时。

想起郑板桥的这首诗。
这也是我经常喜欢
一个人溜达的原因，
因为生物钟
太混乱了。

农历

【甲辰年】
四月初一

09

星期四

农历

【甲辰年】
四月初二

我们每个人身边
都有一座桥。

每个人心里，
都住着一个天使。

Friday
May 10
2024

2024 年
5 月

10

星期五

农历

【甲辰年】
四月初三

每一个成功的背后，
都有一个
傻子一样的
坚持。

11

星期六

钓鱼的人，
多是清闲无事，人多而嘈杂。
而电鱼的人，
为了抓鱼下狠手，通杀。
相比之下，我最喜欢疍民。
他们只会老老实实用一张破网，
撒在水里，
之后用竹竿拍打水面，惊动鱼儿。
这些鱼惊散的时候，
会卡在网上。

疍民们身上，
有一种独特的气质，
不紧不慢，
差不多就好，
努力干就有。

农历

【甲辰年】
四月初四

12

星期日

当一只飞鸟
经过云端。

有云彩的天空，
更像一个漂亮的舞台。

我们要耐心等待
主角的登场。

农
历

【甲辰年】
四月初五

13

星期一

有人，
有路，
有云，
有雨……

这片天空下，
就有了故事。

农历

【甲辰年】
四月初六

14

星期二

云是天空的表情。

极端天气，
是老天表情
最丰富的时候。

Wednesday
May 15
2024

2024 年

5 月

15

星期三

放松的人，
才是高手。

作为摄影师，
我需要给拍摄对象调神，
改变他的状态，
让他放松下来。

农历

【甲辰年】
四月初八

16

星期四

心态好的人，
活得更长久。

我们也要接受生命的状态，
一切都是自己长出来的，
不用急于去解决，
而且，
也不是能够急于解决的。

农历

【甲辰年】
四月初九

17

星期五

一切都是轻轻柔柔，
不需要再去证明自己。

一切都经历过了，
用软软的眼睛看着你，
问我能为你做些什么吗？
我能怎么样帮助你？

农历

【甲辰年】
四月初十

18

星期六

在旁人
看似无聊的等待里，
在蝴蝶翅膀的
摇曳中，

我惊喜地发现
生机勃勃的夏天
已经来临。

农历

【甲辰年】
四月十一

19

星期日

听方鹤松老先生
讲疾病、
讲健康，
讲中医西医的时候，
我觉得很放松，
他的眼里就是病，
中医有什么优势，
西医有什么优势，
中医能解决什么问题，
西医能解决什么问题，
善于解决什么问题，

一切用数字说话，
用时间来证明。

农历

【甲辰年】
四月十二

20

星期一

小满

哎呀，
跑到别人家玩
这是我最喜欢的事，
尤其是听说这人
家有古树、大屋、草场……

据说古堡里
现在还有一个老爷爷游魂
和一个看门的精灵。

农历

【甲辰年】
四月十三

21

———

星期二

生存、生活、生命，
这条路的探索，
是我们的必修课。

迟早你会想到底生命有没有意义，
我们赋予它
什么意义了吗？

农历

【甲辰年】
四月十四

22

星期三

农历

【甲辰年】
四月十五

白云苍狗，
世易时移。

唯一不变的，
只是
变化本身。

23

星期四

好长一段时间
我天天坐在昏暗的机房里，
一遍又一遍快进快退地
游荡在这条通往八卦顶的
蜿蜒小路上。

我记得
大家在路上说的每一句话，
休息时坐在哪块石头，
一切都再熟悉不过。

农历

【甲辰年】
四月十六

24

星期五

为了更美好地活着，
不要活在疾病的恐惧中。

即使很疼，
也要看看窗外的花。
家人
是一味好药。

农历

【甲辰年】
四月十七

Saturday
May 25
2024

2024 年
5 月

25

星期六

知了叫，
阳光爆，
摇摆的心情，

我们叫做
空镜头。

农历

【甲辰年】
四月十八

26

星期日

不害怕，
实际上人只要活着，
生命就有很强的
自组织能力。

这种自组织能力
会把身体上的肮脏腐败
自动清除掉。

农历

【甲辰年】
四月十九

2024 年
5 月

27

星期一

农历

【甲辰年】
四月二十

停下来想一秒，
如果你自己
都放弃自己了，
还有谁会
救你？

28

星期二

农历

【甲辰年】
四月廿一

每个人
来到人世间，

就是来
体验生命的。

29

星期三

农历

【甲辰年】
四月廿二

我虽然不算是
很有故事的人，

但也有属于我自己的
那些事儿。

2024 年
5 月

30

星期四

农历

【甲辰年】

四月廿三

一个有神，
一个知道自己在做什么，
擅长做什么，
内心坚定的人
都是美的。

31

星期五

我呢，
对拍很多种鸟
兴趣不大，
对拍一张极致好照片，
也无所谓。

我只觉得
不管是麻雀还是老鹰，
斑鱼狗还是秋沙鸭，
只要有故事，
才是好玩的。

01

星期六

儿童节

农历

【甲辰年】
四月廿五

失眠的人，
可以有好多好多星星
陪伴。

02

星期日

有一些人
特别善良，好客，
家里来人，会做满桌子的菜，
还会担心别人吃不饱，
自己做主人心意不够。

好人！

03

星期一

很多人喜欢夸自己小白，
对摄影一无所知。

其实，
我特别喜欢这样的小白。

农历

【甲辰年】
四月廿七

04

星期二

喜欢"围观"。

祝贺喜欢围观的人,
都有一颗
冷静的心。

农历

【甲辰年】
四月廿八

05

星期三

芒种

农历

【甲辰年】
四月廿九

终于安静下来了。

太阳正在升起，
人群还没有涌来。

06

星期四

农历

【甲辰年】
五月初一

小时候读的书，
就像石头上刻的字，
永远忘不掉。

07

星期五

那些一根筋的人，
自己天性强大，
就像特别聚光的手电筒，
只看到自己照到的那个点。

他们简直不需要
断舍离。

农历

【甲辰年】
五月初二

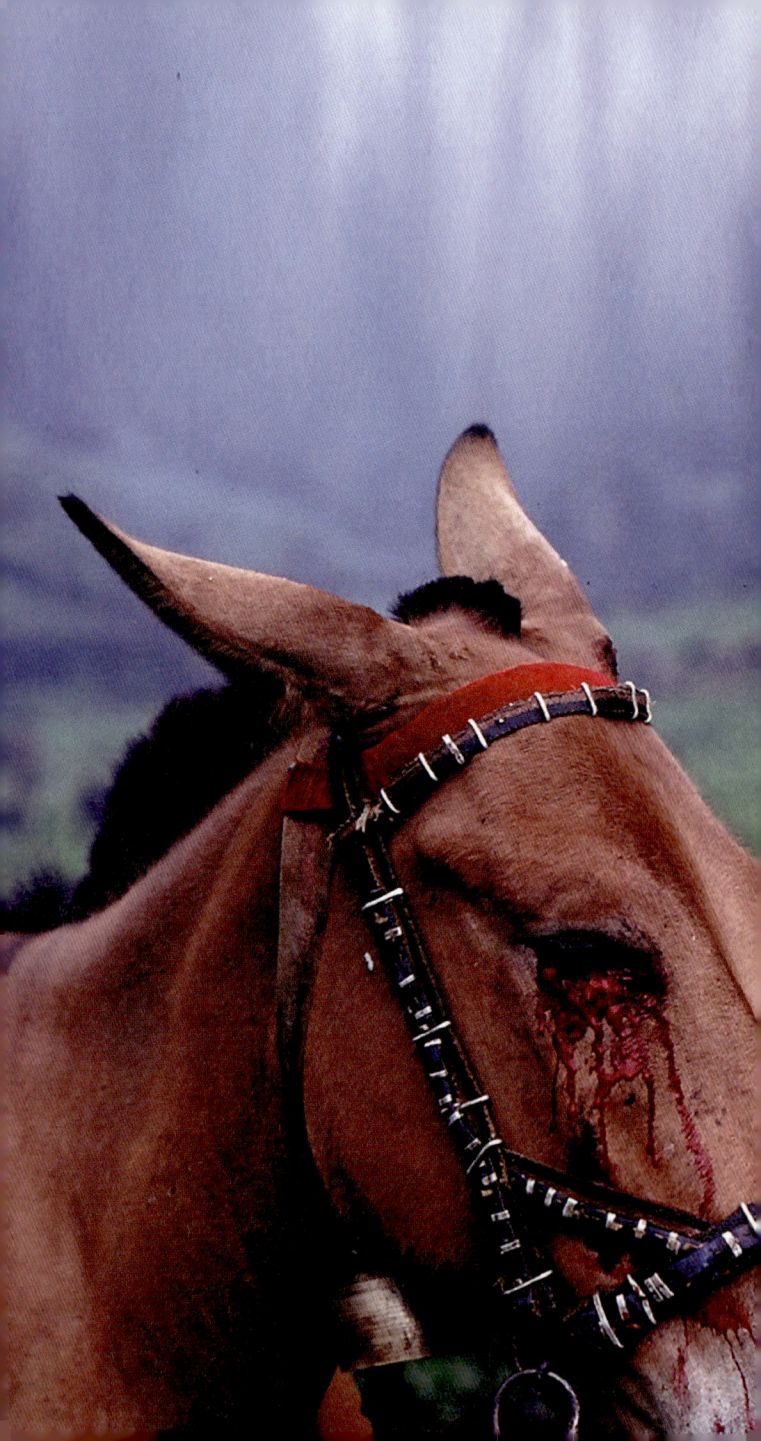

Saturday
June 08
2024

2024 年
6 月

08

星期六

农历

【甲辰年】
五月初三

完美，
那是一个骗局。

不完美，
才是完美的真相。

09

星期日

任何思想
都必须有一个载体。

再高明的看法，
必须有一个落地的地方。

农历

【甲辰年】
五月初四

10

星期一

端午节

农历

【甲辰年】
五月初五

一本书
是否是好书，
重点不在于作者是谁，
作者的生活点滴是怎样的。

而在于
作者提出的理论是否合理，
以及书中带给我们的知识
是否受用。

11

星期二

农历

【甲辰年】
五月初六

要真正了解
一个人，
只要看他
怎样利用闲暇时光
就可以了。

12

星期三

据我观察，
高手过招就在一两招，
见自己，见天地，见众生。
高手往往说得
明明白白，
行得恭恭敬敬，
把复杂的招式打得坦坦荡荡。
不怕有人质疑！

农历

【甲辰年】
五月初七

Thursday
June 13
2024

2024年

6月

13

星期四

宁可
一思进，

莫在
一思停。

农历

【甲辰年】
五月初八

14

星期五

在我眼里，
一个人最牛的
不是成就有多大，
最美的不是荣耀时的风光。

是要看他在生命低谷时，
怎么抗争和奋进，
反转命运，
才是英雄本色。

农历

【甲辰年】
五月初九

15

星期六

习惯了
说走就走的旅行。

我跳上车子
准备在路上
再跟老天爷申请好天气。

16

星期日

父亲节

农历

【甲辰年】
五月十一

我舍不得错过
每一个
有阳光的日子。

17

星期一

这些年，
我翻山越岭，
却无心看风景。

这些年，
我走了很多路，
遇见很多人。

我眼里的世界
也在成长。

农历

【甲辰年】
五月十二

2024 年
6 月

18

星期二

好的社会关系，
能让我们
过得开心、幸福。

农历

【甲辰年】
五月十三

19

星期三

农历

【甲辰年】
五月十四

人只要能
安安静静地坐在那，
天地的能量
就能够回来。

20

星期四

农历

【甲辰年】
五月十五

每天
从家里找一件三年以上不用的东西
或者不穿的衣服，
送给一些需要的人。

21

星期五

夏至

农历

【甲辰年】
五月十六

每年夏至，
百岁老道长
都会进山修行。

22

星期六

你的包包里面，
和你心里装的东西
一样一样的。

你拍摄包包时候的态度，
和你对待自己的态度，
一样一样的。

影像，
就是一面镜子。

农历

【甲辰年】
五月十七

23

星期日

累了的时候，
迷路的时候，
有人提醒你，
拉你一下，
帮你一把，
非常重要。

可是，
你得会求助才行。

农历

【甲辰年】
五月十八

24

星期一

农历

【甲辰年】
五月十九

一进群，
有一种火车到站后下车，
忽然
走入茫茫人海的感觉。

Tuesday
June 25
2024

2024 年
6 月

25

星期二

农历

【甲辰年】
五月二十

清晨
一直是我最爱的时光，

无论墙上
有没有阳光。

Wednesday
June 26
2024

2024年
6月

26

星期三

农历

【甲辰年】
五月廿一

我们
一起试着，
在平庸生活中，
跌跌撞撞
看到美。

27

星期四

爬山的时候，
如果你的朋友
实在没力气爬不动了，
或者她天生娇弱、没胆量，
你可不可以拉她一把，
拽她一下？

我会。

农历

【甲辰年】
五月廿二

28

星期五

人生如旅途，
没有人一出发
就知道目的地。

但在出发的时候，
我们最好不断地问自己，
我要去哪里？

29

星期六

天晴了，
鸟叫得凶了！

夏天来了，
睡得早了，
醒得也更早了。

农历

【甲辰年】
五月廿四

30

星期日

当你爱上自然，
每天看花听鸟，
很快就会理解，
什么叫神仙日子啦。

不信吗？
你在一个懒洋洋的午后，
去陪伴一只小翠试试。

农历

【甲辰年】
五月廿五

01

星期一

建党节

农历

【甲辰年】
五月廿六

原谅一些笨拙的呆鸟爸妈，
把鸟巢安在你们家。

我听说，
鸟儿总是把鸟巢安在
它们心中最有爱的人家。

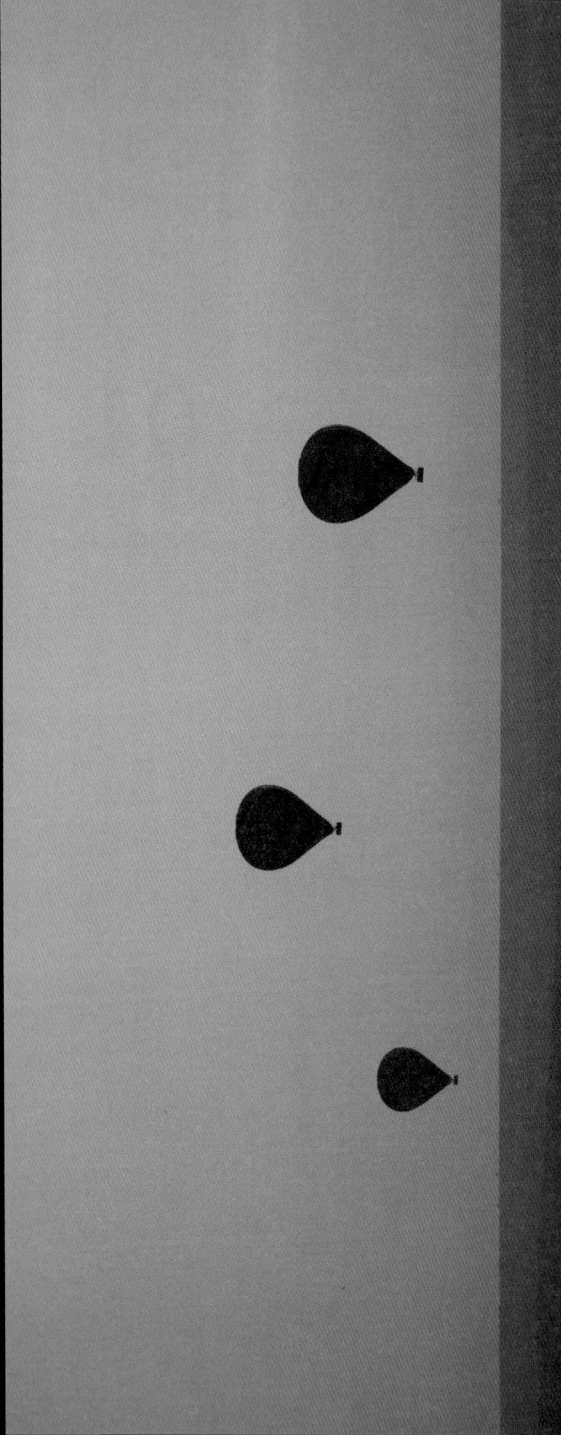

02

星期二

有种快乐，
不需要任何外界压迫，
是由强大的内在动力带来的
愉悦和快乐。

坚持的力量，
专注的收获，
没有经历过的人是不会懂的。

农历

【甲辰年】
五月廿七

03

星期三

我们家的老猫，
因为搬家，
被送到乡下临时寄养，
结果意外身亡。

我曾为它
大哭一场。

农历

【甲辰年】
五月廿八

04

星期四

在鳝鱼滩有很多的大凤头燕鸥，
我们猜想，
神话之鸟全世界
不超过一百只，
这多孤单啊。
它们一定会找朋友一起玩的，
混在亲戚中，
日子也好过！

2024 年
7 月

05

星期五

那些来来往往的人，
因为记录，
所以至今，
还能真真切切地
活在我们心中。

农历

【甲辰年】
五月三十

2024 年
7 月

06

星期六

小暑

阿姨，
你眼神这么好，
有什么好招啊?

"大声唱歌
不生气!"

农历

【甲辰年】
六月初一

2024 年

7 月

07

星期日

农历

【甲辰年】
六月初二

镜头
也是需要
助跑的！

08

星期一

忙里偷闲发呆的日子真好，
时间像流水一样
从身边拖着细细的脚步淌过。

太阳慢慢从东边竹林后爬出来，
在你觉得一切都快要停滞的时候，
箭一样的小翠
就突然从你眼前掠过。

农历

【甲辰年】
六月初三

09

星期二

农
历

【甲辰年】
六月初四

一只斑鱼狗
在水面重重地跌落，
溅起一大片水花。

那样子好像一个
刹不住脚的醉汉。

10

星期三

白头鹎一袭长裙
在风中美美的样子很迷人。

其实我早就注意到
她的衣服有点破旧，
该换夏装了吧。

农历

【甲辰年】
六月初五

11

星期四

龙层花老太太的眼里，
从来没有西医中医孰是孰非，
只有疾病，
只有怎么去解决问题。

她就像一个很纯粹的孩子，
没有太多的分别心。

12

星期五

农历

【甲辰年】
六月初七

微笑，
是一个整体的感觉，
不仅仅在嘴角。

13

星期六

农历

【甲辰年】
六月初八

也不知道为什么，
我就觉得
孩子们应该爱自然，
认识更多的鸟，
生活可以更精彩。

14

星期日

你的家庭
还有相册吗?

你上次的全家福
是什么时候拍的?

你有为爸爸妈妈
拍过合影吗?

你有和他们
单独合影吗?

农历

【甲辰年】
六月初九

15

星期一

疾病和死亡
永远在向着我们赶来的路上······

多高兴一点，
欢乐一点，
我们就多赚到一点啦。

16

星期二

如果往死里坐，
不开心，
那意义不大。

所以要回到原点，
问自己，
为什么要静坐。

农历

【甲辰年】
六月十一

17

星期三

农历

【甲辰年】
六月十二

生而为人，
我们终究难逃一死。

滚滚红尘，
四季轮回，
没有人可以不生病。

18

星期四

面对疾病，
在治疗上，
你可以有很多种选择。

而快乐地面对无所畏惧，
将是你活下去唯一的选择。

农历

【甲辰年】
六月十三

19

星期五

希望有一天
大家遇到困境的时候，
都不惊慌。

我们可以一起
学着勇敢地与疾病共存、
与痛苦共舞，
尝试安静地、
有尊严地走完这一生。

农历

【甲辰年】
六月十四

20

星期六

农历

【甲辰年】
六月十五

不管日子艰辛
还是苦涩，
都要开心。

2024 年
7 月

21

星期日

农历

【甲辰年】
六月十六

学会自娱自乐，
守护好
另外一个你。

2024 年
7 月

22

星期一

大暑

农历

【甲辰年】

六月十七

影像记录，
就是给自己做
一个标记，
一个提醒。

23

星期二

心变大了，
问题就会变小了。

人生有解决不完的问题，
就像一定会死一定会生病一样。
陷在问题里面的人，
永远只能面对问题。

农历

【甲辰年】
六月十八

2024 年

7 月

24

星期三

影像，
可以让我们时空穿梭，
回到精神生活的后花园。

农历

【甲辰年】
六月十九

站在一楼，
有人骂我，
我听到很生气。

站在十楼，
有人骂我，
我听不清，
以为他跟我打招呼。

我站在一百楼，
有人骂我，
放眼望去，
只有尽收眼底的风景。

中
伏

农
历

【甲辰年】
六月二十

26

星期五

我越来越喜欢老人，
他们经历过很多事情，
走过很多路。

时间就像手中的沙子一样，
快要漏光了，
很多事情都看得淡了。

农历

【甲辰年】
六月廿一

27

星期六

但凡是个人,
一定有感情,
有爱恋,
有愤恨的。

但是你心里要明白,
自己要的是什么。

农历

【甲辰年】
六月廿二

2024 年

7 月

28

星期日

农历

【甲辰年】

六月廿三

做一个真正的人，
不受外物干扰，
不被世俗捆绑，
真不容易。

29

星期一

在山里，
一粒米要是掉在地上，
我们都得捡起来吃干净。

粮食来得太不容易了，
要惜福。

农
历

【甲辰年】
六月廿四

30

星期二

出海
就希望如沐春风，
慢慢走。

"急什么，
我的鲍鱼粥还没煮好呢……"

农历

【甲辰年】
六月廿五

31

星期三

海上航行，
你根本没有机会逃跑，
不到目的地，
无法放弃，
吃喝拉撒睡，
都是非常人状态。

农历

【甲辰年】
六月廿六

01

星期四

建军节

农历

【甲辰年】
六月廿七

中医说：
阴阳、表里、寒热、虚实。

我认为摄影讲：
明暗、虚实、冷暖、点面……
很像的。

02

星期五

我还是见过一些武林高手，
可是高手们
总是喜欢让我站在一个沙发或者床铺前，
然后说让我体验一下，
结果我跟沙袋一样
一次一次被扔出去。

那种感受太差了。

农历

【甲辰年】
六月廿八

03

星期六

在水手眼里，
每个岗位每个角色
都是不可替代的，
都很重要。

艰苦的比赛中，
如果你的队友倒下了，
你很快也要倒下。

所以，
自由的生活下面
是平等的尊重。

农历

【甲辰年】
六月廿九

04

星期日

谁知道你们家的那个混小子，
二十年以后
会不会成为社会栋梁，
或者成为一名浪漫的水手呢？

谁知道二十年后，
你又会遇见谁，
走在哪条路上，
唱着什么歌呢？

农历

【甲辰年】
七月初一

05

星期一

你不知道，
得到一只鸟的信任，
每天看见天使在你身边舞蹈，
这得有多大的
福气啊。

农历

【甲辰年】
七月初二

06

星期二

在我看来，有知觉的身体，
有知觉的生活，
很重要。

有知有觉，
有行动力，
会照顾自己内心感受的人，
我觉得都是有福的。

至少不容易有心理问题。

农历

【甲辰年】
七月初三

07

星期三

立秋

农历

【甲辰年】
七月初四

拍摄斑鱼狗，
在我看来就是一个
陪自己认真玩的过程，
得失随心，
但是全力以赴。

08

星期四

全民健身日

农历

【甲辰年】
七月初五

即便是
黎明前黑暗中的拍摄，
即便在伪装的帐篷里，
也要小心，
因为相机液晶取景器亮起来的时候
像个小手电，
而你的脸，
正好是一张反光板，
很容易暴露你的存在。

09

星期五

金刚功练习的
绝不仅仅是动作，
还有气血，
更主要的是你的
生活态度，
是你关爱自己，
是你舍得花时间陪伴自己。

农历

【甲辰年】
七月初六

2024 年
8 月

10

星期六

七夕节

农历

【甲辰年】
七月初七

在我看来，
走神发呆是正常的，
因为我们是活人，
我们有思想，
我们的世界很精彩啊！

2024 年
8 月

11

星期日

竹影扫阶尘不动，
月轮穿沼水无痕。

接受这件事，
你才会越来越安静。
只要有风，
就让竹影摇曳吧。

农历

【甲辰年】
七月初八

12

星期一

农历

【甲辰年】
七月初九

天下养生功夫多了去了，
不合适，
换一个，
总会找到合适的。

13

星期二

农历

【甲辰年】
七月初十

摄影时的光线，
和我们的欲望很像，
总是不足的，
总是不能满足的。

14

星期三

对于带有神秘主义的题材，
逆光更有味道。

不正是因为看不清，
我们的想象力
才更丰富的吗？

末
伏

农
历

【甲辰年】
七月十一

15

星期四

只要你静下心，
像一棵树一样守候，
就会有许多惊喜的发现。

这世界
不仅仅是你看到的
那些画面。

农历

【甲辰年】
七月十二

16

星期五

一堂课的最大意义，
不是教你学会多少东西，
而是让你"爱"上这件事。

一个老师的价值，
也不是教会你多少本事，
而是让你"信"这件事。

农历

【甲辰年】
七月十三

17

星期六

我专门建了一个鸟塘
给鸟洗澡，
在周边种了很多苔藓，
竟然有一只乌鸫
来偷苔藓，
筑巢。

18

星期日

中元节

农历

【甲辰年】
七月十五

这绝不仅仅是一门摄影课，
其实这是一堂
幼儿园的补习课。

我们会通过镜头，
了解这世界上
牙齿最多的动物是什么，
知道蜘蛛
有几只眼睛。

19

星期一

有人说，
早晨醒来的时间，
是按照年龄排队的
……

而我觉得
是根据你家窗外
有几只乌鸦决定的。

农历

【甲辰年】
七月十六

20

星期二

我不会错过
每一个有阳光的清晨，
也始终无福躺在床上
听雨打芭蕉声。

农历

【甲辰年】
七月十七

21

星期三

我发现，
晚上的时间，
因为夜那么深，
可以无穷透支，
所以拖拖拉拉也没那么可怕。

时间
很容易被浪费掉。

农历

【甲辰年】
七月十八

22

星期四

处暑

因为摄影，
让我尝试着留住很多光阴，
在自己生命里做很多标记。

把那些感动，
都转换成影像文字，
留下来了。

听说这样对预防老年痴呆
特别有效。

农历

【甲辰年】
七月十九

23

星期五

农历

【甲辰年】
七月二十

时光，
时间和光
永远在一起的。

24

星期六

会欣赏世界的美，
知道健康很美好，
会爱意满满地
看着孩子们的人
……
都不是小白。

你白或者不白，
美都在那里。

**出
伏**

农
历

【甲辰年】
七月廿一

25

星期日

一只鸟飞过去的时候，
用什么曝光数据、拍摄手法，
我也不知道。

拍完看数据，
还好，
我总是比较幸运的那个人，
遇见听话的鸟！

农历

【甲辰年】
七月廿二

26

星期一

在油家小院，
个子越小的鸟，
胆子越大。

比如
叉尾太阳鸟、
绣眼鸟，
胆子都很大。

农历

【甲辰年】
七月廿三

27

星期二

农历

【甲辰年】
七月廿四

村庄里的农民，
也拜了老道长做师父，
带着狗狗一起进山。

狗狗都累坏了！

28

星期三

我们老说
一个人走得快，
一群人走得远。

看了老道长，
我觉得没有负担的人，
心中有目标的人，
才走得又快又远。

农历

【甲辰年】
七月廿五

29

星期四

想要隐居深山
过简单生活，
你就得有
应对生活中种种意外的
能力。

农历

【甲辰年】
七月廿六

30

星期五

换一种方式来聚。

在我看来，
郭川，
只是想换一条路，
从地球背面回家。

我胆子要比郭川小很多，
所以把油多拉星球
当成家。

农历

【甲辰年】
七月廿七

31

星期六

农历

【甲辰年】
七月廿八

分享照片的时候，
最好有挑选。

不要三盘八盘
青椒土豆丝往上端。
这个可以吧？

01

星期日

我跟金翅雀
总是擦肩而过。

我们是点头之交，
没有发生什么故事。

我觉得主要原因
还是在它身上，
它太害羞了。

农历

【甲辰年】
七月廿九

02

星期一

不要害怕阴天！

记得吗，
我拍照一直要求大家躲太阳呢。

阴天，
一样有光，
而且，慢慢你会发现，
阴天的光线，
更适合表现花卉的色彩。

农历

【甲辰年】
七月三十

03

星期二

一个人，
要是喜欢日出日落，
跟月亮交上朋友，
就会欣赏春花秋实，
享受漫漫星光，
还有一些猫狗虫鸟作朋友。

我觉得生活，
也不能拿他怎么样了。

农历

【甲辰年】
八月初一

04

———

星期三

我们强调眼神光，
因为眼神光是交流的窗口。

我们在天空里，
用星月灯光写出大大的"2"，
这也是交流。

农历

【甲辰年】
八月初二

05

星期四

当你微笑看着我的时候，
我感觉自己特别温暖，
被尊重。

"我不照镜子，
都知道自己长得很帅。"

农历

【甲辰年】
八月初三

06

星期五

这么多年，
我走在街头，
经常想，
如果在下一个转角遇见我的老哥哥，
我一点不会惊讶。

无论是你熟悉的人，
还是陌生人，
作为摄影师，
都要尝试去把这个交流
建立起来。

农历

【甲辰年】
八月初四

07

———

星期六

白
露

要是我妈妈一个人在旅途中，
我很想知道她拎得动行李吗？

路上会遇见谁，
有人帮着指路吗？

路上开车的人可以慢点，
别吓着她，好吗？

农历

【甲辰年】
八月初五

08

星期日

当一只鸟
叼着虫子在飞的时候，
不是谈恋爱，
就是有了孩子。

农历

【甲辰年】
八月初六

09

星期一

鸟的名字，
里面带着噪的，
不用想，就是很呱噪的。
嗓门大，好热闹。

黑脸噪鹛在我心里，
特别像武侠小说中的
"桃谷六仙"。

农历

【甲辰年】
八月初七

10

星期二

教师节

农历

【甲辰年】
八月初八

人来人往，
沧海桑田。

很多爱，
无奈熬成回忆。

11

星期三

梦幻泡影。

一点点童心童真，
我们不要丢了。

这世界，
远比你想象得要多彩。

农历

【甲辰年】
八月初九

12

星期四

我爱你。

你要是不爱自己，
又怎么去爱
这个陌生的世界呢？

农历

【甲辰年】
八月初十

2024 年
9 月

13

星期五

困了就睡,
鸟叫就醒。

睡不着,
也许是你
不需要那么多睡眠呢。

农历

【甲辰年】
八月十一

14

星期六

农历

【甲辰年】
八月十二

砖头上跳舞，
那是境界。

三步之内，
必有芳草。

15

星期日

我们摄影，
追的是光，
但是也经常用影子来表达光。

就像一个人站在白墙前面，
脸会显得很黑。

农历

【甲辰年】

八月十三

16

星期一

之所以选择走一走茶马古道，
是因为听我的一位摩梭人朋友
泸沽湖里格村的扎西说，
他们的族人世代相信，
人死了之后，
灵魂会沿着祖辈走过的茶马古道
一直到四川的贡嘎雪山
……

那里是他们灵魂居住的地方。

农历

【甲辰年】
八月十四

2024 年
9 月

17

星期二

中秋节

农历

【甲辰年】
八月十五

窗户，
在我心里，
就是一个人。

一个睡不着的人，
望月的人，
思念着的人。

18

星期三

高原日出造就的冷暖色彩
有着强烈的戏剧效果，
一天中最美的时候
终于出现了。

再翻一个垭口
就到稻城了。
为了这样的一个早晨
我可以不停地走下去。

农历

【甲辰年】
八月十六

19

星期四

想象一下吧，
手机拍下来的
一千两百万像素照片，
就像一个住别墅的人家，
只有三口人，
院子里有鸟塘，
还有芒果树可爬。

而一亿像素手机的照片，
就是在同样面积里的鸽子楼，
住满了人，
上厕所都排队。

农历

【甲辰年】
八月十七

20

星期五

农历

【甲辰年】

八月十八

光影变幻，
生命无常。

短短的一生，
我们都是时光过客。

21

星期六

你看不见，
不等于没有。

慢慢你们就会明白，
光，更多不是因为亮，
很多时候，
其实来自于暗。

农历

【甲辰年】
八月十九

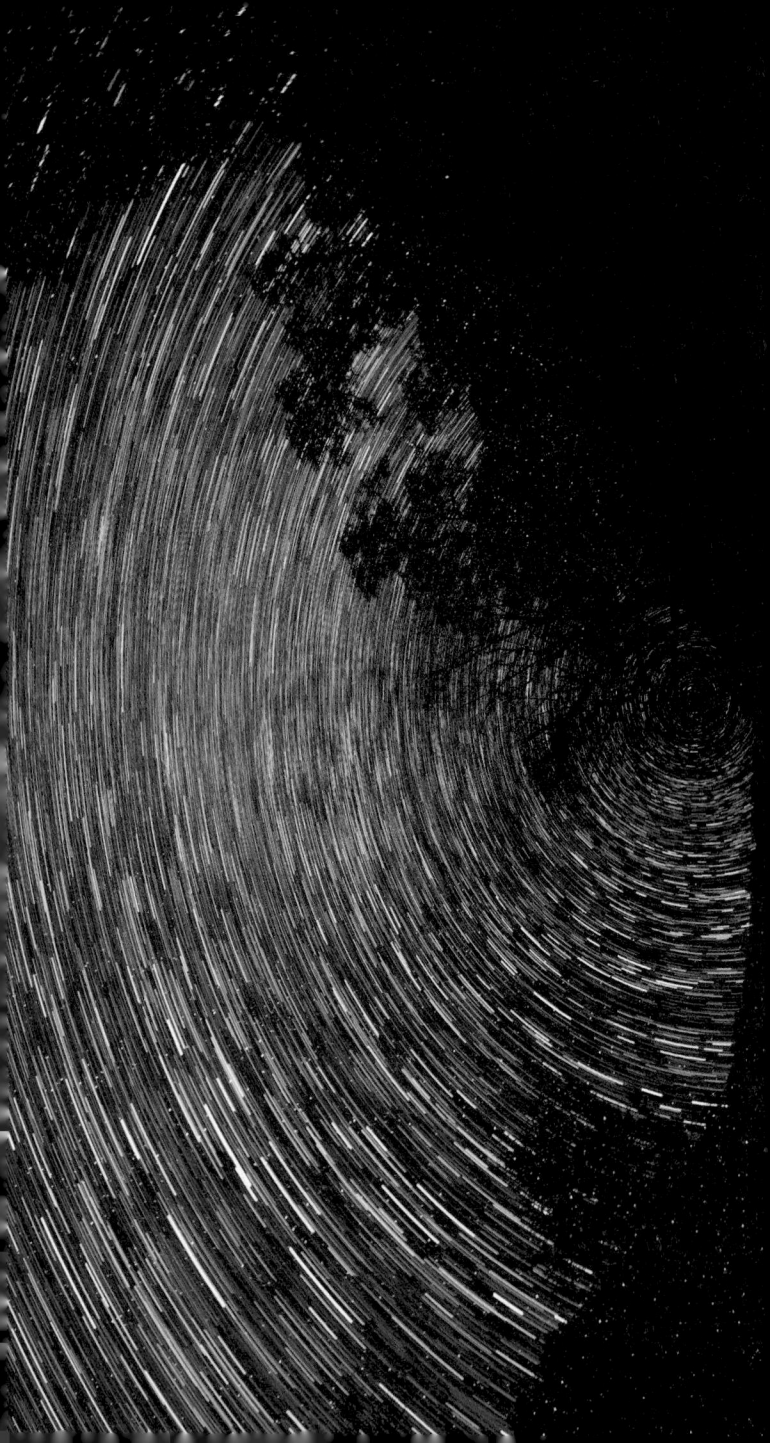

22

星期日

秋分

农历

【甲辰年】
八月二十

会用色彩表达，
就像唱歌不仅仅要
跟上节奏，
还有旋律的变化。

23

星期一

有一天，
你会借助暗，
找到光。

有一天，
你会借助光，
照亮暗。

农历

【甲辰年】
八月廿一

2024 年
9 月

24

星期二

农历

【甲辰年】
八月廿二

天刚刚黑的时候，
尤其适合做背景，
就像一块干净、
纯粹的蓝布。

25

星期三

农历

【甲辰年】
八月廿三

原来，
太阳下山前
或者太阳升起后，
未必是一天
最美的时刻。

26

星期四

最好的照片，
最珍贵的记录，
对我们芸芸众生来说，
远比宇宙星空、
壮美河山更重要。

这些是我们的生活，
包括我们所爱的那些人，
和我们一起欢笑、
一起落泪的那些人。

那些承载我们生命中
最美好的回忆的日子。

农历

【甲辰年】
八月廿四

27

星期五

农历

【甲辰年】
八月廿五

摄影师是一个很操心的人，
要不停地思考
各种拍摄细节和需求，
就像在开着一辆手动挡车子前进，
不停地换挡、刹车、踩油门。

28

星期六

我有好多老人家的
最后一张照片。

因为我是那个
可以在时空里抓住刹那的人。

2024 年
9 月

29

星期日

农历

【甲辰年】
八月廿七

凡事你觉得没希望时，
再坚持一下，
就会有奇迹出现的！

2024 年
9 月

30

星期一

农历

【甲辰年】
八月廿八

我就是希望
事情能做得完美，
能漂漂亮亮地
结尾。

01

___

星期二

国庆节

农历

【甲辰年】
八月廿九

我其实是看不见的。

需要去和某件事，
某个人碰撞一下，
反弹回来，
才能很好地了解自己，
感受自己。

02

星期三

晚霞、碧海、流云、虹霓
……

都是我们的一部分，
我们内心的一部分，
正如我们也是
它们的一部分。

农历

【甲辰年】
八月三十

03

星期四

20 年前
青海荒原拍野生动物的时候，
我就发现，
即便是狼，见到人，
也会掉头走远。

两条腿的人，
在野外才是最可怕的。

农历

【甲辰年】
九月初一

04

星期五

年轻时，
航海拍野生动物，
在烈日下暴晒，
觉得晒得黑黑的很酷。

有一次我去菲律宾航海回来，
黑得一塌糊涂，
脱皮跟脱丝袜一样。

农历

【甲辰年】
九月初二

05

星期六

采访交流，
我很喜欢一气呵成的感觉，
就像直播一样，
你必须即兴发挥现场创作，
你要非常专注。

那时候我觉得
是我的元神在工作。

农历

【甲辰年】
九月初三

06

星期日

农历

【甲辰年】
九月初四

我们都是
骨子里不安分的人，
换过很多次工作。

07

星期一

农历

【甲辰年】
九月初五

你还记得

你的梦想吗？

08

星期二

寒露

至亲至情的人，
可以有一个
安安静静的告别，
我们慢慢回忆，
轻轻落泪，
然后幸福地微笑。

【甲辰年】
九月初六

09

星期三

太阳在云层后面
遮遮掩掩，
始终不露脸。

偶尔给一点红光，
看着又没啥希望。

农历

【甲辰年】
九月初七

10

星期四

一个人，
只要有梦想，
一直追求梦想，
生活
就不能把你怎么样了。

农历

【甲辰年】
九月初八

2024 年
10 月

11

星期五

重阳节

农历

【甲辰年】
九月初九

今天
是什么好日子。

你有没有注意到
黄昏特别美？

12

星期六

农历

【甲辰年】
九月初十

生活
怎么可能配合我们的想法
给出所有的条件呢？

——做梦

13

星期日

做纪录片，
就像把你的生命一段时光，
放到别人的生活中去。

有几个人舍得呢？

农历

【甲辰年】
九月十一

14

星期一

成年人的世界
诸多不易。

但总有一些小确幸，
像一颗颗甜蜜的糖果，
点缀我们的生活。

农历

【甲辰年】
九月十二

2024 年
10 月

15

星期二

一个人独处时，
对时间
看得特别仔细。

农历

【甲辰年】
九月十三

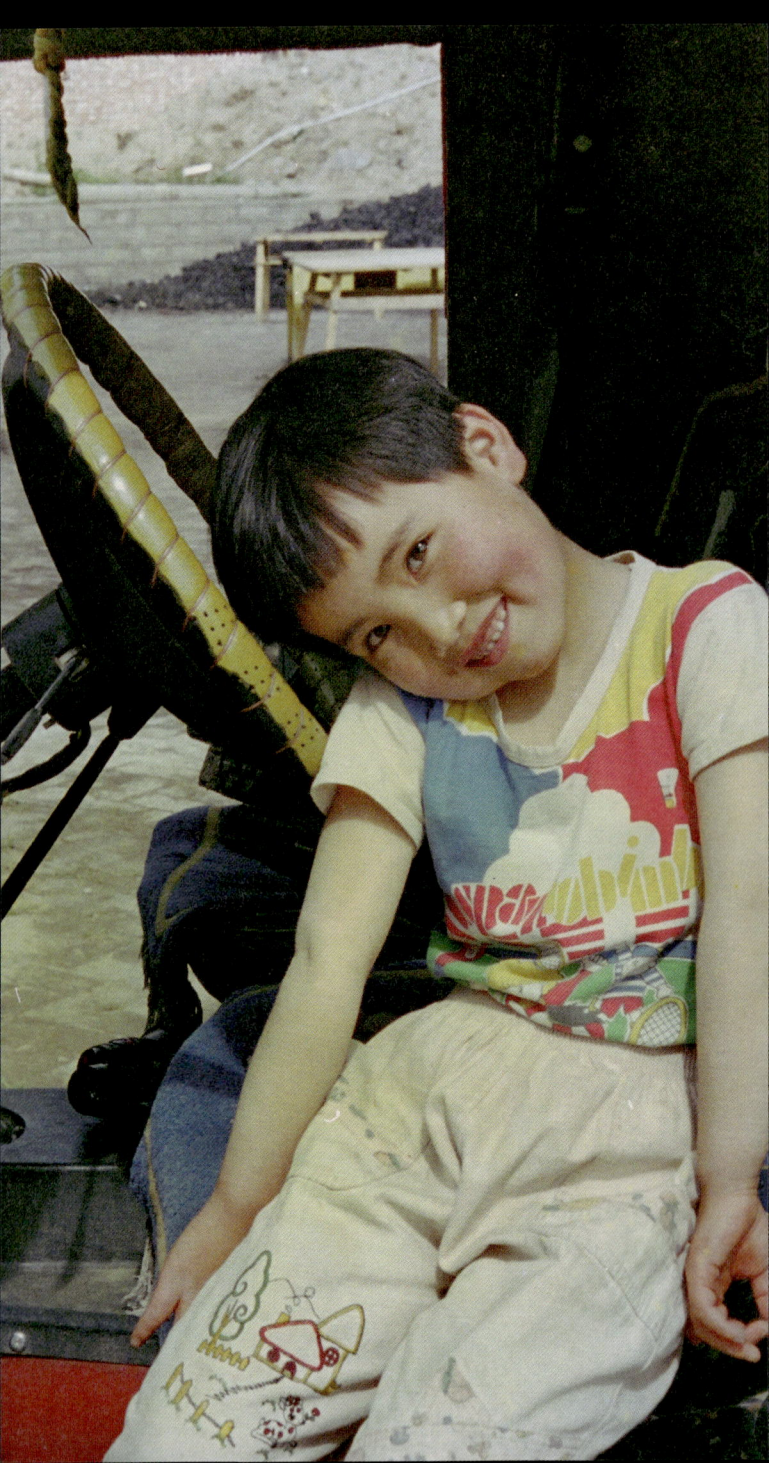

16

星期三

农历

【甲辰年】
九月十四

在玩上面，
孩子是我们的老师，
是游戏的催化剂，
是天生带笑的演员。

17

星期四

当我通过镜头
安静地和鸟交流的时候，
我感觉自己的心
也有了一双翅膀，
可以自由翱翔。

农历

【甲辰年】
九月十五

Friday
October 18
2024

2024 年
10月

18

星期五

农历

【甲辰年】
九月十六

轻易得到的东西，
没人珍惜。

19

星期六

我们学习书画，
都在致力于学"像"，
像颜真卿、王羲之、柳公权，
像八大山人、像徐渭，
最终又被"像"打败了。

农历

【甲辰年】

九月十七

20

星期日

农历

【甲辰年】
九月十八

用黑色的线条，
凝练这千姿百态的世界。

我应该从哪里下手呢？
我还有机会接近真相吗？

21

星期一

世界一片安宁，
开始下起淅沥沥的小雨。

我翘着脚，
喝一口茶，
心里全是阳光。

农历

【甲辰年】
九月十九

22

星期二

前两天在画一只麻雀的时候，
我又陷入那个永恒的纠结。

一只鸟，
要表达到怎样的细节才合适呢？
我可以细到每一根羽毛，
可是，这有意义吗？
再细也没有相机清晰啊。

农历

【甲辰年】
九月二十

23

星期三

霜降

极简是真难，
就像唐诗五言绝句，
寥寥几字，
能穿越千年依旧动人心，
那才是境界。

农历

【甲辰年】
九月廿一

24

星期四

我特别喜欢听
飞鸟入水的声音：
哗～

如果我有一对翅膀，
我一定要生活在水边，
享受在水面上
御风滑行的快乐。

农历

【甲辰年】
九月廿二

25

星期五

农历

【甲辰年】
九月廿三

唯有热爱，

可远赴山河。

26

星期六

农历

【甲辰年】
九月廿四

暮色降临，
霞光中心
都随着晚风开始起飞。

27

星期日

和 20 年前的自己
合影一次吧。

我很庆幸，
在这些追风的日子里，
忘记了时间，
也被时间遗忘。

农历

【甲辰年】
九月廿五

28

星期一

每一个家庭、
每一位老人的状况
都不一样。

如果我们帮助一下老人，
会让我们缓解很多的焦虑，
减少很多麻烦。

农历

【甲辰年】
九月廿六

29

星期二

人生也许无趣，
也多半无意义。

但是既然我们来了，
就不妨让这段路
试着走得更愉快一些吧。

如果有余力，
再帮助一下周围的人。

农历

【甲辰年】
九月廿七

30

星期三

每天早晨透过窗子，
看见蓝天、阳光，
我就停不下来，
告诉自己起床吧，
有那么多故事
等着你去记录呢。

农历

【甲辰年】
九月廿八

31

星期四

庆幸
我从小就有写日记的习惯，
以致现在年过半百时，
还能清清楚楚地看见，
那个成天梦想远方的自己，
能听见它自由的呼吸声。

农历

【甲辰年】
九月廿九

01

星期五

在天边山顶上的云彩间，
先是有万丈光芒刺出，
太阳于是探出头，
温吞吞地走出来，
在爬到山顶时
像是在走最后一级台阶似的
轻轻一跳，
跃入海天之间。

整个世界顿时温暖起来。

寒衣节

农历

【甲辰年】
十月初一

2024 年
11 月

02

星期六

农历

【甲辰年】
十月初二

人一累，
就开始
想自己爱吃的东西。

03

星期日

农历

【甲辰年】
十月初三

看落日的人多，
看日出的少。

真是这样，
所幸作为摄影师，
我看日出比常人多得多。

04

星期一

农历

【甲辰年】
十月初四

听着鸟从天空中飞过时
翅膀震动的声音,
心里真是
又平静又快活。

05

星期二

我拍片有时太急，
像拍新闻似的，
感觉再不抓紧就没机会了。

其实如果没有稳稳地拍到，
清楚地录下，
作为纪录片是不能用的。

农
历

【甲辰年】
十月初五

06

星期三

苍山海拔 4030 米左右，
背着一堆器材上山的那种艰苦
你去过走过才知道。

那种美好，
你不看见不亲临永远不知道。

农历

【甲辰年】
十月初六

07

星期四

立
冬

有时候，
晃晃悠悠的公交车，
一样可以晃晃悠悠出迷人的故事。

人一旦不焦虑，
心定了，
手好像也稳了很多。

农
历

【甲辰年】
十月初七

08

星期五

一个人感情已经被触动，
眼泪快要落下来
但是又落不下来的时候，
音乐轻轻一推
……

就像鹅毛拂过心田。

农历

【甲辰年】
十月初八

09

星期六

每次拍一个选题做一个片子的时候，
我都会欢欣鼓舞激动不已
听得见自己的心跳。

没确定一个选题前，
我都问自己十年以后
还会不会喜欢呢？
自己还会愿意看吗？

农历

【甲辰年】
十月初九

10

星期日

农历

【甲辰年】
十月初十

我们很难
控制自己生命的长度。

但是，
真的有机会
扩展自己生命的宽度和深度。

11

星期一

不是说你要为社会做多大贡献,
至少来这个世界
你也知道一下外面还是很精彩。

更重要的是
学会把看似平淡的日子
过得有滋有味。

农历

【甲辰年】
十月十一

2024 年
11 月

12

星期二

农历

【甲辰年】
十月十二

我们缺的是
关注、交流、沟通，
还有突破标准思维、
打破传统观念的力量。

13

星期三

你的老爸老妈不爱说话，
来啊我们挑战一下自己，
尝试去找他们喜欢的话题。

老照片？
邀请他们的老朋友？
一起去老地方重游？

农历

【甲辰年】
十月十三

14

星期四

也许我经历了很长的
自由成长阶段，
所以习惯于打破一些常规
和总是不服从标准流程。

农历

【甲辰年】

十月十四

2024 年
11 月

15

星期五

下元节

农历

【甲辰年】
十月十五

生活好忙，
我们尝试一个
各种奔忙的脚步的视频？

只要你走起来，
跑起来的时候都来一段，
你的脚是不变的行走姿态，
而各种路面在脚下飞奔。

16

星期六

生活不要一天天沉沦下去，
麻木下去，
多给自己的生命
做一些按摩和点穴吧。

也许，
视频就是一味好药。

农历

【甲辰年】
十月十六

17

星期日

农历

【甲辰年】
十月十七

人在镜头前，
会有被偷窥的心态出现，
念头会越来越多，
表情也就慢慢掩饰不住内心了
……

18

星期一

农历

【甲辰年】
十月十八

我们说爱
能够穿越时空，
其实声音，
也可以。

19

星期二

走猫步不仅可以养生，
一样可以达到抱元守一的效果，
达到求生思静的结果。

求生思静是道家著名的一句话，
要求生，
先要有办法置于静当中。

农历

【甲辰年】
十月十九

20

星期三

在海南，
和老道长在一起，
有一天只剩下我们两个人，
到了午饭时间，
他说，"黄剑，我们该做饭了吧。"
我说："是啊，师父，可是我不会做……"

然后，老道长只好下厨去了。

农历

【甲辰年】
十月二十

21

星期四

我们的江湖规矩，
是一个镜头，
至少让人看得清楚明白。

或者，
我们的画面，
要有信息和故事。

农历

【甲辰年】
十月廿一

22

星期五

小雪

我有一个哥们
去安溪拍茶王大赛，
得了一罐茶王。

后来，
我有事没事就去他家喝茶，
喝得他把茶罐都藏起来了。

农历

【甲辰年】
十月廿二

23

星期六

有一天，
下着大雪，
我走进杭州龙井村，
还站在村民家门口，
讨到一杯热乎乎的明前茶
……

那刻骨铭心的香味啊，
现在再也找不回来了。

农历

【甲辰年】
十月廿三

24

星期日

我曾每天
用当时时髦的咖啡玻璃罐
泡上一泡正山小种，
坐在溪边背一首诗、词。

啧啧啧，
茶那么好，人那么年轻，
难怪那些诗词
至今都在心里飘着。

农历

【甲辰年】
十月廿四

25

星期一

"这是啥？"
"我隔壁家院子的灯。"

逆光下，
用树枝做前景，
看着挺美。

但我很想很想爬到隔壁家去，
把这个灯帽子扶正了，
在我心里，
这可是一个有故事的灯。

农历

【甲辰年】
十月廿五

26

星期二

终于送走我的室友。

女人们有闺蜜之说，
男人之间明显粗糙很多，
他说："我走啦。"
我说："好，赶紧走，别赶不上飞机。"

然后他转身回到桌面，
把我放在那
仅存的一块预防自己饿死他乡的凤梨酥
拿走了。

27

星期三

平常生活，
无论过年、过元旦还是其他什么节日，
我都挺无视的。

因为每一天，
我过得还算认真，
也努力，都珍惜。

农历

【甲辰年】
十月廿七

2024 年
11 月

28

星期四

【甲辰年】
十月廿八

这世界，
你还能背得出几个人的
电话号码？

29

星期五

农历

【甲辰年】
十月廿九

一个采访就像
邀请一个人跳舞，
你要选好音乐，
在合适的时候伸出你的手邀约，
既要引导他又要顺着他的舞步。

30

星期六

农历

【甲辰年】

十月三十

我从小心里长草，
向往自由，
做喜欢做的事。

所以，
才有今天幸福指数爆棚的我

01

———

星期日

嗯,
如果将来我写自己的故事,
可以叫做"大鸟"。

因为,
我后来那么喜欢鸟,
快成为一只
没有脚的鸟了。

农历

【甲辰年】
十一月
初一

02

星期一

哎呀呀，
第一眼见到我儿子的画面啊！
那时候，
我一直举着相机拍拍拍
……
帮助我拍视频的
是一个叫洪雷的哥们。

我一直以为家里来的是一个女娃的，
当我在楼梯口听说是男孩的时候，
我都怀疑跟错人了。

农历

【甲辰年】
十一月初二

03

星期二

陪两个妈吃饭的时候，
我们都聊起了生死话题。

这是一个当代特别缺少的教育，
尤其是我们这一代。

不敢谈，
害怕死。

但是，
我都试着跟她们沟通，
了解她们的心愿，
希望未来的日子，
可以照顾好大家。

农历

【甲辰年】
十一月初三

04

星期三

静中有动。

有时候，
等待一阵风，
也是必须的。

05

星期四

一个人专心守神的时候，
多半不会摇头晃脑吧？

就像我们不是因为大声才听见，
往往因为声音小，
所以更认真。

农历

【甲辰年】

十一月初五

06

星期五

大雪

纵观油多拉星球三百年，
我发现一个永恒的问题，
就是不管多少天的课程，
时间都是不够的，
作业都做不完的。

老师讲的，
也从来只能记住一部分。

农历

【甲辰年】
十一月初六

07

星期六

农历

【甲辰年】

十一月初七

人生就是一个长跑，
简单功夫重复练。

健康快乐跑到终点的人
才是第一名。

08

星期日

这些年我不停地叨叨叨，
影像是一个多美好的礼物。

原来，
我说的和真的是一样的。

确实，
真的和我说的是一样的。

农历

【甲辰年】
十一月初八

09

星期一

农
历

【甲辰年】
十
一
月
初
九

我们真幸运，
没有无聊和沮丧。

10

———

星期二

对于我们来说，
原滋原味的生活，
就是最好的导演。

而跟随生活的脚步，
用心记录，
在寻常生活找到闪光的日子，
那才是境界。

因此，
视频拍摄，
绝不是按下快门那么简单的事。

农历

【甲辰年】
十一月
初十

2024 年
12 月

11

星期三

农历

【甲辰年】
十一月十一

这世界，
总有一些东西，
是时间带不走的。

12

——

星期四

心有挂碍，
自然就会碍手碍脚。

心无挂碍，放松自己，回到自然，
跟一棵树一只鸟一样地
去守候另一棵树另一只鸟，

就像在跟造物主约会，
就是很美好的事情。

2024 年
12 月

13

星期五

农历

【甲辰年】
十一月十三

爱世界，
也不忘记爱自己。

这才是自然之道，
我喜欢。

14

星期六

农历

【甲辰年】
十一月
十四

听中医说过，
好的中药师，
现在跟大熊猫一样宝贵。

15

星期日

有一天在一个朋友的民宿，
晚上听到天花板有动物跑过，
我说："你们家老鼠怎么这么多啊？"
他说："哪有老鼠，这是松鼠啊。"

我一听，
哎呀，这么浪漫。

农历

【甲辰年】
十一月十五

2024 年
12月

16

星期一

我们现在需要
多一些关于健康、关于生命的教育。

从爱惜生命，
到不恐惧死亡。

农历

【甲辰年】

十一月十六

17

星期二

将来你们要是跟我游学，
起不了早的，
就千万不要报名了。

农历

【甲辰年】
十一月十七

18

星期三

农历

【甲辰年】
十一月十八

我寻访中医很多年以后，
更想告诉大家的，
不是哪种医疗好，
哪个医生厉害，
而是应该怎么生活。

19

———

星期四

站在鹅圈里拍鸡，
这只大鹅叫大白，
一直在啄我。

大公鸡叫九哥，
非常彪悍。

但是打鸣不行，
还不如我。

到处都有
懒洋洋的猫、狗在阳光下打盹，
玩耍。

在这里做一只动物，
真是惬意。

20

星期五

不管我们老了没有，
要为了老做准备，
一个人要有一个爱好，
有一个让你无须扬鞭自奋蹄、
特别想去做的事。

如果你睁开眼睛
知道自己想做什么，
你是很幸福的人。

农历

【甲辰年】
十一月二十

21

———

星期六

冬至

农历

【甲辰年】
十一月
廿一

关心、关爱
本身就是一味良药，
就是一个大药，
用关注和爱去帮助老人，
用另一种方式
把能量传递到家人、老人身上。

22

星期日

我觉得每一次生病，
都是给我们一个提醒和教训。

恢复身体的同时
学习一些正确、有效的医学建议。

农历

【甲辰年】
十一月
廿二

23

星期一

人生之路，
也许注定是孤单寂寞又漫长的，
但是我决定，
还是好好活着，
争取有一天，
可以玩一个潇洒又吓人的游戏，
和世界告别。

农历

【甲辰年】
十一月廿三

2024 年
12 月

24

星期二

再好的医生
也会是病人，
帮助别人一辈子了，
他们也需要有更多人的关怀。

农历

十一月廿四

【甲辰年】

25

星期三

无论是绘画、摄影还是影像记录，
这一路人间风景，
总让我忍不住沉浸其中，
忘记时间。

不知道时间是不是，
也正微笑地把我遗忘。

农历

【甲辰年】
十一月廿五

2024 年
12 月

26

星期四

活，
一定轻轻松松。

走，
也要简简单单。

农历

【甲辰年】
十一月廿六

2024 年
12月

27

星期五

想起一句话：
"人在做一件事，
就像划船。

一个念头
就是朝一个方向划一下桨。

如果念头转圈圈，
就是在向四面八方划船。"

农历

【甲辰年】
十一月廿七

28

星期六

我数学不好，
可是竟然也发现这一年，
马上要结束啦！

真是一件好事。

农历

【甲辰年】
十一月廿八

29

星期日

一年一年，
我就像唐僧一样
叨叨同样的摄影话题，
大家就像第一次听说一样的惊喜。

这一切场景，
我已经非常习惯、毫不惊奇了。

农历

【甲辰年】
十一月廿九

2024 年
12月

30

星期一

冬二九

农历

【甲辰年】
十一月
三十

画一只鸟、
拍一张照、
疗愈一个人
……
原来都在寻找一个东西
——生机。